申万宏源证券
SHENWAN HONGYUAN SECURITIES
投资者教育基地 编著

如果财富是一座山

——青少年财商启蒙

上海浦江教育出版社

图书在版编目 (CIP) 数据

如果财富是一座山：青少年财商启蒙 / 申万宏源证券投资者教育基地编著 . —上海：上海浦江教育出版社有限公司，2024.3

ISBN 978-7-81121-862-6

Ⅰ. ①如… Ⅱ. ①申… Ⅲ. ①财务管理－青少年读物 Ⅳ. ① TS976.15-49

中国国家版本馆 CIP 数据核字 (2024) 第 065083 号

如果财富是一座山

申万宏源证券投资者教育基地　编著

出品人　申万宏源证券

总 策 划　冉倩之　特约顾问　陈　念

策划编辑　于　杰　责任编辑　周　悦

上海浦江教育出版社出版发行

社址：上海海港大道 1550 号上海海事大学校内　邮政编码：201306

电话：（021）38284910（12）（发行）　38284923（总编室）　38284910（传真）

E-mail: cbs@shmtu.edu.cn　URL: http://www.pujiangpress.com

上海光扬印务有限公司印装

幅面尺寸：188 mm × 230 mm　印张：3　字数：50 千字

2024 年 3 月第 1 版　2024 年 4 月第 1 次印刷

ISBN 978-7-81121-862-6

定价：22.00 元

内容简介

伴随着经济社会的发展，财商素养已经被认为是 21 世纪每个人必备的核心素养和生存发展技能。

为全面推动投资者教育纳入国民教育体系，在中小学教育中大力普及金融知识，提升国民财商素养，申万宏源证券投资者教育基地编撰的青少年财商绘本《如果财富是一座山》，通过四大版块分别讲述了如何认知财富、如何管理个人和家庭财富、正确审视财富的风险、财富的价值和责任。读者阅读时还可以通过扫描二维码的方式，观看知识点的讲解视频。

本书是申万宏源证券投资者教育基地“青少年财商培养项目”的重要部分。投教基地以本书为基础，通过全新的授课模式、扫码互动的智能绘本体验、生动有趣的分组游戏等方式走进全国中小学，为同学们呈现了一堂堂别开生面的财经素养课程。

本书以寓教于乐的丰富内容，线上线下互动融合的方式，不仅帮助学生加深对各种金融知识和技能的理解和应用，更重要的是培养诚信精神和风险责任意识，引导青少年树立正确的财富观和风险观。

目录

Part One

第一部分

探索　关于财富的哲学三问

学习目标：

- 了解财富的多种表现形式
- 掌握国家财富形成的两种原因
- 思考未来财富流动的方向

扫一扫观看视频

财富是什么?

财富像座山，壮丽、神秘、令人向往。千百年来，我们每个人就是财富路上的朝圣者，怀着虔诚的初心，追寻着属于我们自己的财富。

出发之际，假如手中有一面魔镜，你可能会问:“魔镜，魔镜，财富究竟是什么？”

你猜，魔镜会给你怎样的回答呢?

一千多年前，财富是牛羊、黄金、珠宝……现在，财富是金钱、房子、专利、股票……未来，财富可能是虚拟货币、个人品牌影响力、机器人……

不同的时代，人们对财富的定义也大不相同。

我们看到，随着社会的进步，财富肉眼可见的外在形式不断变化，创造和积累财富的方式也更加灵活多变，兼具未知与已知因素。

举例来说，过去 10 年，中国城镇化的发展推动了房价大涨，不只是大城市，连县级市也是如此。很多普通人因此受益，财富一夜增加。

但是未来 10 年，房价的增长速度将发生改变，结构性机会取代了趋势性机会，比如：高速交通的发展将会改变很多中小城市的区位价值，旅游地产和养老社区迎合了未来的消费需求等，房产的投资判断越来越复杂。

总之，简单依靠市场红利和运气来实现财富增值的机会将会越来越少。

如果我们在青少年时代就学习构建个人、家庭与国家的关联思维，去思考财富是如何流转的，什么样的财富才是有价值的，将帮助我们更深入地认识世界、了解自我，为未来积累财富打下基础。

站在个人的角度看

认知是积累财富的基础。从学生时代开始不妨多阅读，多了解正确的金融和经济常识，学习如何与金钱相处，学习追问财富的意义。

站在家庭的角度看

家庭是社会财富变迁的缩影。同学们不妨多观察家庭财富积累的过程，和家人讨论一些热点事件，提高独立思考能力。

站在国家的角度看

财富和时代机遇密不可分。搞清楚哪些是能力，哪些是机遇，能帮助我们避开风险，抓住财富增长的机遇。

以财富为眼，我们将更真实、立体地理解这个变幻莫测的现实世界。

财富从哪里来？

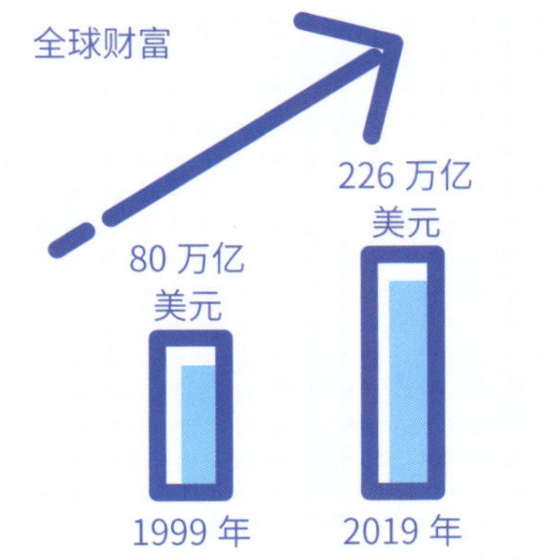

随着全球化和信息技术的飞速发展，全世界的财富在不断增加。波士顿咨询公司发布的全球财富报告显示，1999 年至 2019 年末，全球财富从 80 万亿美元增至 226 万亿美元，全球百万富翁的数量（以美元计）也翻了近 3 倍，从 890 万人增至 2400 万人。

20 年前，亚洲和其他发展中国家仅占全球财富份额的 9.3%，到了 2019 年跃升至 25.3%。以中国为例，中国家庭平均储蓄占可支配收入的 25% 以上，比欧美地区平均高出近 10%。

20 年来，世界发生了翻天覆地的变化。数字化让曾经遥不可及的世界变得近在咫尺，全球财富快速增加。这些社会财富都是从哪里来的呢？

福特汽车的流水线生动地向我们揭示了劳动分工如何让每个人都熟练地掌握某项专业技能，提高生产效率，从而创造出更多的社会财富。

以前，生产 1 辆汽车需要 1 个工人工作 728 个小时，而且培养这样 1 个工人需要很多年的时间，福特汽车公司 1 个月只能生产 11 辆汽车。

流水线发明之后，每个工人只需要学会做一件事，比如装轮胎，每天不断的重复让他们的技能变得非常熟练。有了这样的流水线以后，福特汽车公司的生产速度得到大幅度提高，生产 1 辆汽车只需要 93 分钟。

而劳动分工之所以能够实现，是因为人类懂得交易，有了产品交易，每个人就能专注于长期训练自己在某一方面的技能，然后生产出更多的产品用于交换。

全球化的发展，使得不同国家的人都能更加自由广泛地交易，人们的生活就变得越来越好，个人收入大大增加，总的财富也就变得越来越多了。

主流经济学家亚当•斯密（Adam Smith）在《国富论》中提出了最被津津乐道的理论，即自由市场通过一只“看不见的手”来促进技术进步、优化各种资源的分配方式，从而创造出更多的财富。

亚当·斯密的假设在很多情况下依然是正确的。但是，《财富的起源》作者埃里克·拜因霍克（Eric D. Beinhocker）对此却提出了质疑，他认为光靠劳动分工这一理论已经不足以解释近 200 年来人类财富的爆发式增长。

比如，亚当·斯密时代的货币仍以黄金等金属货币为主，而从黄金到纸币的变化，是人类货币发展史上的革命性事件。

此外，像汽车、飞机、电脑、软件和互联网等现代行业都是 200 年前所没有的。证券资本市场的出现也是财富的加速器。

埃里克·拜因霍克为我们提供了一种关于财富起源的新解释，财富不是被“创造”出来的，而是“进化”出来的。

如果说《国富论》是基于传统经济学理论的，那么《财富的起源》则是以复杂经济学作为基础的。因此，《财富的起源》又被称为“物联网时代的《国富论》”。

什么是复杂经济学呢？复杂经济学把经济看成一个复杂的适应系统。比如，单个蚂蚁跟一个自动化的机器差不多，它的行为规则也很简单。然而，如果你将几千只蚂蚁放在一块儿，它们彼此之间就能互动，通过化学信号进行交流，还能够协调相互之间的活动，如建造结构复杂的蚁穴和对进攻者组织复杂的防御等。

正如达尔文进化论所说，适者生存。可是，生物系统的进化是随机的过程；而经济系统中，不论是商业模式还是技术进步，都出自人类有目的的设计。那么，两者是一样的吗？

埃里克·拜因霍克认为，设计是否有目的性并不重要，重要的是系统能出现足够多的变异，并且能够对变异进行选择和放大，从而创造出更具适应性的新事物、新知识和新增长，这才是进化的本质。

“进化”促成了现代社会商品种类和数量的大爆发。而且，经济系统不止一种进化过程，而是三种进化过程相互作用的结果。

第 1 种是物理技术的进化，比如蒸汽机、计算机的发明。

第 2 种是社会技术的进化，比如货币、文字的发明。

第 3 种是商业设计的进化，比如商业战略、管理方法的演变。

作者认为，就是这三种进化过程的共同演进，造就了如今的财富大爆发。

财富到哪里去?

随着物联网、数字经济、人工智能和生物工程的发展，人类将进入崭新的未来世界——我们可能将不断延长生命，我们或将飞往火星等其他星球……

财富呈现出越来越复杂的指数级增长，未来我们的财富又将如何流动呢?

1 世界财富格局发展聚焦亚洲，财富的马太效应仍然存在。

瑞士信贷研究所指出: 2019 年全球最富有的 10% 的人，拥有全球总财富的 82%；顶级富有的 1% 的人，则拥有全球总财富的 45%。

过去 10 年，全球财富创造一直集中在中国和美国。全球 40% 的百万富翁来自美国。在全球前 1% 的富翁中，有 40% 来自美国。中国的财富虽然起步较晚，但现在已经取代日本成为第二大百万富翁国家。

未来，贫富差距不断扩大，量化宽松让那些拥有资产的人更加受益。

北京大学金融系原副教授、博士生导师唐涯在《钱从哪里来》这本书中提出“消失的中间层(Missing Middle)”这一概念。“消失的中间层”指的并不是中产阶级的消失，而是全球劳动力市场、企业增长、消费模式、个体财富，甚至城市竞争等全方位的头部效应和分化加剧。

2 财富的增长与地方政治、经济环境带来的挑战之间有着越来越密切的联系。

未来的几年里，经济和地缘政治的挑战也将越来越多，比如利率上升，扩张性财政政策的收回，经济增长放缓和贸易紧张，还有中东等地区地缘局势紧张等。

贸易与知识产权争端或将进一步升级，进而损害依赖全球供应链的跨国公司。这些因素都会在一定程度上影响财富的积累和流向。

3 科技将成为创造财富的主要手段。

瑞银全球家族财富办公室认为，87%的受访者同意人工智能将成为全球业务中的第二大颠覆力量，而57%的受访者认为区块链技术将从根本上改变我们的投资方式。

4 人的寿命越来越长，未来的财富载体也可能是现在无法预料的。

随着医疗技术的发展，人类健康寿命将很可能超过100岁。

《百岁人生》一书中提到了“多段式人生”的概念，即传统的三段式人生（上学、工作、退休）终将消亡，取而代之的是多段式的人生格局，它包含上学、就业、退休、学习、创业等各种可能性组合。

如果人能活到150岁，不仅可以开启更多可能的大门，也会重新组合整个社会的财富“肌理”。

如果我们创造财富的时间变长，那么慢慢变富将成为可能。几十年前，人们不会想象得到股票、股权、债权等会被当作财富载体；同样，未来的财富载体也可能是现在无法预料的。

5 “有道德”的项目将成为未来投资的重点。

近年来，围绕碳、烟草、塑料和自然资源可持续性的伦理争论越来越大，在迎来监管压力的同时，也推动了环境、社会、企业治理（Environmental, Social and Governance, ESG）投资的兴起。

据较为笼统的定义，全球有31万亿美元的资产通过可持续投资战略进行管理，相比之前有了大幅增长。

目前，尤其是年轻一代，正在为更快地采用可持续投资作出贡献。在未来，良心和财富将同步前行。年轻一代将愿意投资有社会责任感的企业，也愿意为之工作。

今天的我们很幸运，依靠科学技术、全球化、证券制度等推进了中国和世界财富近半个世纪的快速增长。在21世纪，财富获取将不仅仅事关金钱本身。我们必须投资一个更安全、更公正和更环保的未来，思考如何用金钱来实现更伟大的利益，才能真正拥有和守住财富。

思考与练习

❶ 请记录你成长过程中与财富有关的、令你印象深刻的一次经历。

❷ 每当你向父母提出物质要求时，父母一般是如何回应的？他们对你最常提起的教诲是什么？你对此的感受如何？

❸ 改革开放四十多年来，中国经历了 6 波财富浪潮，这对你来说有什么启发？

第 1 波	第 2 波	第 3 波	第 4 波	第 5 波	第 6 波
20 世纪 80 年代，改革开放之初的个体户、乡镇企业	20 世纪 90 年代，“92 派”企业家崛起推动的制造业创富	1998 年以后，地产大浪 20 年	2003 年之后，互联网财富浪潮	2005 年之后，金融创富、股权投资的崛起	近年来大数据、人工智能等衍生出来的新产业、新模式、新财富

Part Two

第二部分

启程　一场艰难却充满乐趣的独奏

学习目标：

- 了解基本的投资工具，能够阐述不同人生阶段的投资重点
- 了解家庭如何管理好财富
- 思考贫穷思维如何使个人和国家陷入贫困，对我们的启发意义是什么

扫一扫观看视频

个人财富：了解各种投资工具

投资是我们每个人一生的必修课。

最初了解投资，我们往往会从一个很小的知识点入手，比如买入一支股票或选择几个基金，但是我们并不懂得“赚钱了，收益来源是什么？”“亏钱了，背后的逻辑是什么？”，以及金融市场的基本规律如何。这就好比我们去野外徒步，不查地图、不用导航往往会让自己陷入较大的风险之中。

我们每个人做投资，最关键是要建立一整套适合自己的投资体系。

体系不同于策略。所谓策略，是如何具体进行投资，比如一笔投资的买卖点，像最简单的基金定投就是一种投资策略。

我们往往需要几种不同的策略搭配成为一个“交易体系”。就像打仗，有地面部队、空中部队和导弹部队。在一个成熟的交易体系中，一定要有长期、短期等各种交易策略互相搭配，才能取得财富增值的成功。因此，我们首先要了解一些基本的投资工具，如房产、股票、基金、债券、保险等。

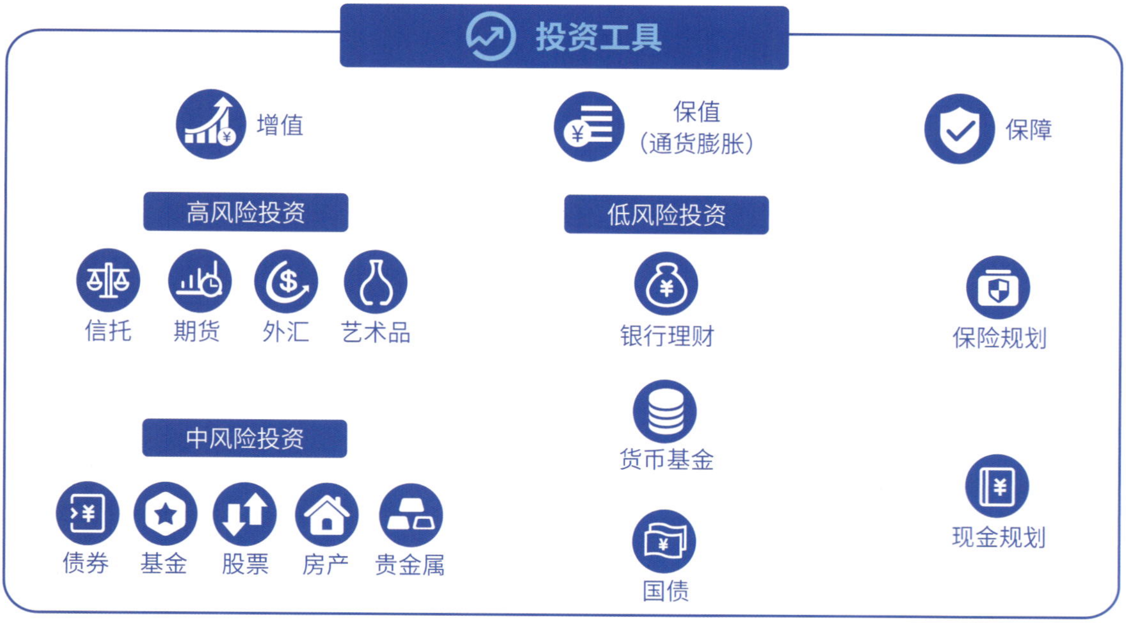

这些具体的投资工具还要结合人生的不同时期来运用。

第一阶段：身处校园和初入职场阶段

这一阶段的财务特点是无收入或是收入很低，相对开销较大。核心的阶段目标是努力完成学业，学习各类技能，做好职业规划，并开拓自己的见识和积累人脉，不要过度考虑省钱投资。

可以阅读投资理财、历史、人文、心理学等各种学科的书籍，根据自身情况选择最适合自己的投资体系和投资方法，并通过力所能及积累的资金去验证，不要害怕犯错。

第二阶段：职场进阶阶段

这一阶段需要完成的投资目标是系统性地理清自己的收支情况，对自己每年每月的支出情况了然于胸，最好分两个账户。

第一个是应急账户，储备三到六个月的生活费，作不时之需。

第二个是长期投资资金账户，投资以年为单位，用一年以上不动的闲钱投资股票或是指数基金等标的物，具体的投资比例分配可参考公式：

100 – 你的年龄 = 权益类投资比例

或

你的年龄 = 固定收益类的投资比例

权益类：股票、股票型基金等（中风险）

固定收益类：银行定期、国债、债券基金等（中低风险）

第三阶段：家庭形成和子女教育阶段

这一阶段家庭成员固定，经济收入增加且生活稳定，财务也相对独立。这一时期风险管理和投资规划并重，子女教育金规划、赡养父母、投资规划、养老规划等都应该列入规划目标。

第四阶段：退休阶段

财务投资主要以稳健、安全、保值为目的。

另外，还要熟悉一些比较成熟的投资方法，比如著名的美林“投资时钟”理论。

投资是认知的变现，底层是你的目标、知识、经验、技巧、能力、兴趣。这些基础不是等到我们踏入工作岗位后才具备的，而是从学生时代就开始形成，并且是在有意或不经意中慢慢塑造的。你是什么样的人，你眼中的世界是什么样的，这都与你的认知水平有关。高水平的认知会使你形成相应的投资系统，最后，也会让你得到相应的投资回报。

人们常说："不要把鸡蛋放在同一个篮子里。"分散投资是指将一笔钱按照不同的比例分成不同类型的投资，如存款、股票、基金、债券、房地产等。分散投资的好处在于降低投资收益的风险，获得更稳健的收益。

分散投资秘诀一：搭配进行低相关性的投资，可以获得更稳健的收益。

什么是低相关性？

低相关性是指两个投资工具的涨跌没有直接联系。

二者同涨同跌，表示它们高度相关；二者涨跌越不同步，表示相关性越低。

举个例子，假如有两种投资项目 A 和 B，二者预期收益率都是 10%，下跌风险都是 20%。

A 和 B 相关性较低。单独持有其中任何一个投资，预期收益率都是 10%，下跌风险是 20%，波动率是 30%。

如果我们手中有 10 万元，分别持有 A 和 B 各 50%，会变成什么情况呢？预期收益率还是 10%，而波动率却下降为 5%。

A 上涨 10%，由于 B 和 A 相关性较低，假如 B 下跌 20%，则波动为：

$$\frac{[50000\times(1+10\%)+50000\times(1-20\%)]-100000}{100000}\times100\%=-5\%$$

理财的主要目的不是进攻而是防守。通过分散化投资，可以在不大幅降低预期收益的情况下减小波动。

分散投资秘诀二：寻找不同地域的资产，实现空间上的分散。

经济周期、利率水平、政策变化和市场的表现通常会出现地域差异，投资者可以考虑在不同的国家和地区进行投资。由于不同市场具有不同的风险、回报及相关性，通过跨国和跨区域的分散投资，可以有效对冲汇率风险，以及规避单一市场的系统性风险，如战争、经济危机、疫情等，获取相对稳健的投资收益。

分散投资秘诀三：由于市场波动和周期性变化，可以选择在不同的时间点进行投资。

经济就是衰退、复苏、过热、滞胀四个阶段周而复始，就像春夏秋冬四季更替一样。

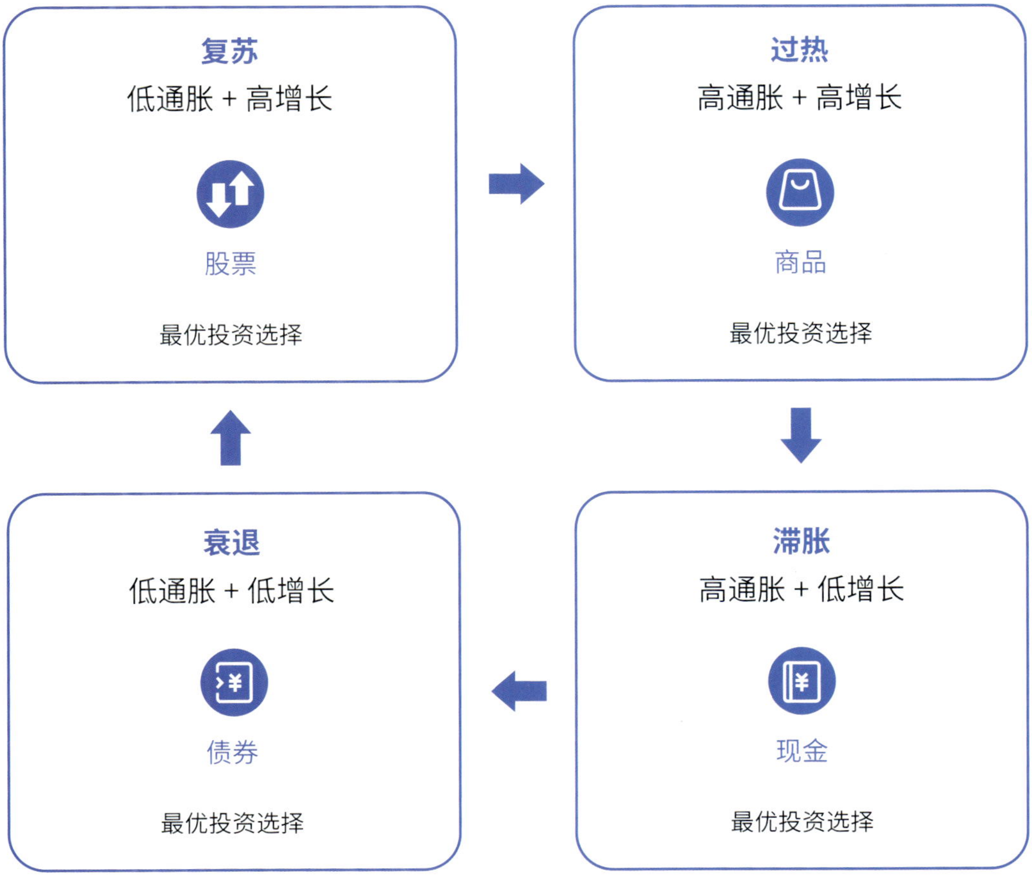

家庭财富：不只是“雪球”和“很长的坡”

家庭积累财富的过程是社会的缩影。家庭的财富主要来自两部分：工作收入和投资收入。

投资是为了赚取收益。沃伦 • 巴菲特（Warren E. Buffett）说过：“人生就像滚雪球，最重要的是发现很湿的雪和很长的坡。”“很湿的雪”是指能带来收益的各种投资；“很长的坡”是指时间。

但是，对家庭来说，需要建立一个完整的理财体系，投资只是其中的一部分。

理财则不同，以创造财富和提高生活品质为目的。具体包括：

1 理财的意义在于全方位地为生活服务，生活中与钱相关的东西都可以是理财。

与投资相比，理财更注重综合规划。理财就是理生活，包括如何省钱、花钱、赚钱，其终极目标是提升家庭幸福感。而幸福自由的生活状态需要有充分的资金储备来支撑。

家庭如何制订一份适合自己的理财计划，一步步通向理想的生活呢？

✔ 1. 了解家庭财务状况

收集和理清家庭的收入、支出、资产等状况，重点关注如下指标：

A. 现金储备充足度：万一家庭收入出现中断，那么手里的现金最多可以供家庭维持多久的花销。

现金储备充足度 = 家庭的现金类资产 / 家庭每月总开支

B. 流动负债比例：健康的流动负债比例建议保持在 3 以上，这个指标也不是越高越好。

流动负债比例 = 流动资产 / 家庭一年要付的贷款总额

✔ 2. 明确理财目标

家庭理财目标通常涵盖医疗、住房、教育、养老等方面。

教育、住房、养老的目标没有明确的上限，目标设定非常灵活，完全是根据家庭自身的个性化需求来制订的。这里建议通过稳健的理财或投资方式来为教育、住房、养老这三个基础目标做一个长远规划。剩余的闲散资金再根据个人的风险偏好去做其他的投资，或者通过保险的杠杆作用，高性价比地实现我们的医疗目标。

3. 风险管理

防范风险是家庭财务安全的核心保证。

对家庭理财来说，安全永远排在赚钱之前。家庭理财有 5 类风险需要注意，分别是通货膨胀风险、利率风险、收入风险、个人风险、流动性风险。

2 理财的第一个重要方式：购买资产，创造持续的现金流。

投资注重回报率，理财更注重通过购买资产创造持续的现金流。

什么是资产？

通俗地讲，资产就是即使你停止了工作也能往你的口袋里放钱的东西。

自有住房不算资产，因为自己住不能出租，带不来现金流。投资房才算资产，可以每年为我们带来租金。

资产包括定活期银行存款、理财产品、股票基金，以及投资性房产等。资产的反面是负债，负债就是从你口袋里往外掏钱的东西。车就是负债，因为你要支付汽油费、保养费，甚至汽车贷款。

买入资产时，还要考虑一些关键问题，如：投资收益率的高与低，投资风险的高与低，以及管理起来是否省时省力等。

3 理财的第二个重要方式：平衡现在和未来的收支。

平衡好收支，才能不断积累家庭财富。而平衡收支需要了解家庭有多少钱，即“家庭收入”和“家庭支出”分别有多少。

家庭收入主要包括工作收入和投资收入。

工作收入

运用个人资源所产生的收入，包括工资、奖金、佣金、自营事业所得等。

投资收入

运用货币资源所产生的收入，包括利息、房租、股利、资本得利等。

家庭支出主要包括生活支出和投资支出。

生活支出

包括衣食住行、娱乐、医疗等开支。

投资支出

包括贷款利息支出、保费支出、投资手续费支出等。

怎样才能保持家庭收入大于支出，或者至少做到收支平衡呢？

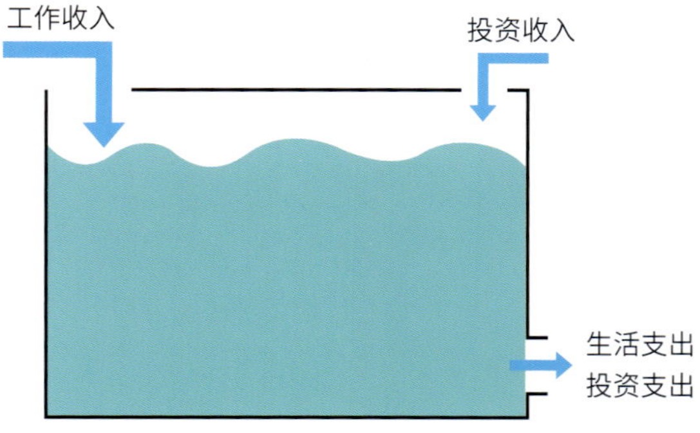

家庭财富蓄水池

1. 努力增加家庭的现金流入

就像右侧的财富蓄水池，除了有主动收入，还可以创造被动收入。

2. 量入为出

比尔•盖茨（Bill Gates）说：“巧妙地花一笔钱和挣到这笔钱一样困难。”为了满足个人欲望而花钱的行动，比如买奢侈品、旅游等，这类钱要适度花，因为攀比和虚荣消费永远没有尽头。

家庭积累财富，既要学会创造更多的现金流，也要学会花钱，做好全面规划。

国家财富：如何告别贫穷

贫穷和富裕，就像硬币的两面。

现在世界上有超过 13% 的人口还在过着贫穷的生活。这些最底层的贫困者每天生活在 0.99 美元的贫困线下。

在阿比吉特•班纳吉（Abhijit V. Banerjee）和埃斯特•迪弗洛（Esther Duflo）两人合著的《贫穷的本质：我们为什么摆脱不了贫穷》一书中，他们对全世界 10 余个国家的贫困人口生存状况进行了研究，探寻贫穷真正的根源，并反思为什么援助越多，穷人的依赖性越强。他们指出，多年来的扶贫政策大都以失败告终，究其原因就在于人们对于贫穷的理解不够深刻。

同时，了解穷人为什么贫穷，有助于我们从思辨的角度思考贫穷思维是如何阻碍自身致富的。

1 为了能尽快得到钱，贫穷会让人做很多急功近利的事情，而忽略掉对长远利益的思考和布局，陷入到当前琐碎的劳作和零碎的钱财获取上。

一般来说，在童年时期摄取充足营养的人会长得更聪明。遗憾的是，很多贫穷的人在选择食物时主要考虑果腹，而非营养价值。

为了赚钱，贫穷的人在决策之初就会自动规避和躲开有风险的工作或计划，宁愿选择安稳而钱少的活儿，而绝不会为了将来更大的雪球复利效益投入更多的时间和精力。

2 大多数贫穷的人缺乏知识和见闻，往往对世界存在固执和偏见。

贫穷的人缺乏认知，比如不知道接种疫苗的作用，不愿意提前花费更低的成本来预防疾病，而选择在疾病发生时花更多的钱去治疗。

由于缺乏认知，贫穷的人在面临工资或收入下降的风险时，下意识反应就是增加工作量，而不是去了解金融工具，通过多元化手段去降低风险。

3 大多数贫穷的人缺乏有效的避险工具。

比如，贫穷的人认为小额信贷、穷人银行没什么效用，宁可去借高利贷。

过去四十多年，中国经历了从贫穷到富裕的过程，经济改革、教育、医疗等体系的发展使我们有了摆脱贫穷的基础。不管是国家，还是家庭、个人，改变经济上的贫困，先要从告别心智的贫困做起。

思考与练习

计算题：

1 请你帮小 A 算一下她的财务自由程度。她的存款是 10 万元，每月支出 1 万元，如果小 A 今天停止工作，她的经济状况能够支撑多久呢？

Tips

小 A 每月的支出是 1 万元，拥有的存款（现金流）是 10 万元。

用现金流的数字除以每月支出的数字，即 10 万元 ÷ 1 万元 =10。

如果今天开始不工作，小 A 的财富能够让她生活 10 个月。

建议小 A 可以多开发一些带来现金流的方式，也就是不工作，每月也能有稳定数额的钱进账，像存款、大额存单、股票、基金、版权收益、投资房的租金等。

2 在英文里，fortune 兼具了财富和命运的含义。你觉得获得财富最需要什么样的能力？

3 你如何看待青少年的财富观？

❹ 52 周存钱挑战：按照等差的方式，每周比上周多存一定数额的钱，比如第 1 周存 10 元，第 2 周存 20 元，以此类推，第 52 周存 520 元。这样一年下来，即使起始金额只有 10 元，到年底总额竟然也达到了 13780 元。

52 周阶梯式存钱表		
周数	储蓄金额 / 元	账户累计金额 / 元
1	10	10
2	20	30
…	…	…
52	520	13780

要求：按照如上示例，填写以下 52 周存钱表。每周周一存一笔钱，金额可以是 5~10 元不等。做好 52 周的计划，存一周记录一笔。

52 周阶梯式存钱表		
周数	储蓄金额 / 元	账户累计金额 / 元
1		
2		
3		
4		
5		
6		
7		
8		
9		
10		
11		
12		
13		
14		
15		
16		
17		
18		
19		
20		

52 周阶梯式存钱表（续表）

周数	储蓄金额 / 元	账户累计金额 / 元
21		
22		
23		
24		
25		
26		
27		
28		
29		
30		
31		
32		
33		
34		
35		
36		
37		
38		
39		
40		
41		
42		
43		
44		
45		
46		
47		
48		
49		
50		
51		
52		

Part Three

第三部分

挑战　对财富的审视和敬畏

学习目标：

- 了解黑天鹅、灰犀牛的概念
- 了解防范投资风险的措施，以及各种投资的风险与收益比
- 掌握负债比的计算公式

扫一扫观看视频

黑天鹅、灰犀牛的启发

金融界有一群备受关注的动物，它们常常出现在特定的金融术语中，比如：股市里的熊和牛，代指市场情绪；货币政策中常被提及的鹰和鸽，代指货币立场；人们所畏惧的黑天鹅和灰犀牛，代指重大风险。

有人说，历史就是由一系列的“黑天鹅”事件推动的，它的意外性、不可预见性使它的冲击力、影响力格外得大。金融界的“黑天鹅”事件有 1929 年经济大萧条、1998 年金融风暴、2008 年美国次贷危机等，造成大量企业倒闭，大批人员失业，危害深远。

“黑天鹅”这一概念源自 17 世纪之前的欧洲，那时人们看到的天鹅都是白色的，自然以为世上只有白天鹅，于是当有一天有人在澳大利亚看到了一只黑天鹅时，人们几乎震惊到无法言喻。“黑天鹅”事件常用来指不可预见的且难以控制的事件，通常会引起罕见、出乎意料的重大风险。有兴趣的同学可以看看美国作家纳西姆•尼古拉斯•塔勒布（Nassim Nicholas Taleb）的经典作品《黑天鹅：如何应对不可预知的未来》这本书。

那么，我们应该如何应对“黑天鹅”事件呢？

最关键的一点是保持充足的冗余，采用“杠铃策略”，增强自身的抗风险能力，同时争取从中获利。

自然界在进化过程中就充分保留了冗余，而不仅仅是从经济或性价比的角度造物。比如我们人类拥有两只眼睛、两只耳朵，若真的遭遇“黑天鹅”事件，我们还有继续生存的可能。

保持冗余是大自然的智慧，可以沿用到生活、商业、投资等各个方面。在新冠病毒感染疫情暴发期间，原本就有线上和线下两条业务线的教育机构受冲击更小，抗击打能力也更强。这都是通过保持冗余来对抗“黑天鹅”事件的风险的。

我们还可以应用杠铃策略来保持冗余，对抗不确定性。比如，在个人投资中把钱分为两部分：将其中的大部分投入非常安全的领域，如购买国债；而将剩下的钱投入较高风险的投资中。既防范了风险，也有更多机会从“黑天鹅”事件中获益。

“灰犀牛”的典故：非洲大草原上的灰犀牛看上去行动迟缓、安全无害，其实体型庞大、爆发力惊人。一旦被触怒，其危险性和破坏性极强，无人能挡。美国女作家米歇尔·渥克（Michele Wucker）的《灰犀牛》一书中有详细论述。“灰犀牛”事件是指太过于平常以至于人们都习以为常的风险，常比喻大概率且影响巨大的潜在危机。

“灰犀牛”是与“黑天鹅”相对应的另一种风险形态。“灰犀牛”事件是太过于常见，但不被重视的风险。“黑天鹅”事件则是不被察觉，出乎人们意料的风险。

如果说新冠病毒感染疫情是典型的“黑天鹅”事件，超乎预料而影响深远。那么房地产泡沫、金融泡沫、债务爆雷等就是典型的“灰犀牛”事件，危险如影随形，但又常被人们所忽略。

举例来说，人口老龄化就是一头很大的“灰犀牛”。

中国婴儿潮是 1962—1976 年出生的这批人，现在的年龄是 48~58 岁。中国婴儿潮获得的人口红利现在已经进入到人口老龄化阶段，创新的活力可能下降，财政负担可能会大幅增加。如果人们都退休了，对养老、医疗、社保都会带来一系列的巨大影响。

所以政府现在开始鼓励生育，再加上城镇化、放开户籍限制，希望进一步挖掘中国的人口红利。

而债务危机则是金融风险方面的一头大“灰犀牛”。

债务问题大多跟泡沫有关，不可能消亡，只能转移。比如股市泡沫，就是牛市后期买股票的那些人承担损失；而楼市泡沫，也是最后的接盘者承担整个的损失。

当债务以外币计价时，各国最常用的方法是降低利率来缓解危机。比如次贷危机之后，西方国家普遍把利率降低到 0 利率水平来推动经济复苏，这让中央银行成为最后贷款人。由于银行利率很低，只能增加货币供给，这也造成了资产价格扭曲，从而推高了资产价格。

由于资产都在有钱人手上，他们的财富会更多。财富不公平加剧，工资水平下降，资产价值上升，普通人的钱越来越少。

我们生活的世界是极其复杂的，政治、经济、社会、历史、人文和大自然的意外事件交织在一起，不管是“黑天鹅”，还是“灰犀牛”，都在提醒我们不管大概率还是小概率，必须提防风险，做好应对之策。

负债好不好？

一切金融危机本质上都是债务危机。不论是国家还是家庭、个人，处理好债务是非常重要的。

债务本身是中性的，好负债能不断地给你带来现金流的增加，坏负债则会不断从你口袋里向外掏钱。

比如你开了一家店，急需要一笔钱来周转，于是向朋友借了 2 万元，在还没偿还 2 万元的情况下，按日利率 0.04% 来计算，一个月会产生 240 元的利息。如果你经营的这家店在扣除各项成本后，每月能够给你带来 2000 元的利润，这 2000 元足以覆盖利息而且还有结余，那么这就是好的债务。但如果每月的利润就只有 200 元，还不足以覆盖利息，那么这就是坏的债务。不过话又说回来了，就算这是一笔好的负债，你也不能完全靠债务来经营。

以信用卡欠款为例，如果你能正常还款，那么是良性负债。假如你某个月的账单金额很高，一时还不了，不得不选择分期付款，你就需要支付额外的费用。

账单分期的手续费，虽然看似少，但是随着你每个月还款，即便剩余的欠款越来越少，你每个月仍然要支付相同的手续费。

期数	每月还款本金 / 元	每月手续费 / 元	每月还款额 / 元	每月还款后剩余本金 / 元
				12000
1	1000	72	1072	11000
2	1000	72	1072	10000
3	1000	72	1072	9000
4	1000	72	1072	8000
5	1000	72	1072	7000
6	1000	72	1072	6000
7	1000	72	1072	5000
8	1000	72	1072	4000
9	1000	72	1072	3000
10	1000	72	1072	2000
11	1000	72	1072	1000
12	1000	72	1072	0
合计 / 元		**864**	**12864**	
实际利息	**0.6%×12×24/(12+1)=13.29%**			

发现问题了吗？越往后欠银行的钱越少了，但每个月给银行的利息是一样的。

其实坏负债也很好分辨，就是那种不断让你填坑、让生活越来越吃力的欠债。近来，网上出了一个新词叫做“月欠族”，是“月光族”的升级版。他们常常上一秒发工资，下一秒就用来还信用卡和“花呗”，而且还的仅仅是最低还款额。

这种看似“潇洒”的超前消费方式，一旦不能及时偿还债务，或者借了利息太高的贷款，比如现金贷，就很容易演变成一场人生危机。

要想没有坏负债，需要努力提高收入以及自控能力。

在金钱上，我们需要适度负债，但千万别过度负债。具体到一个家庭负债比例多少是合适的呢？可以拿总负债与总资产对比，也就是“负债比率 = 负债总额 / 资产总额”。通常情况下，负债比率保持在 30%~40% 之间是比较合理的。

如果说负债比率小于 30%，说明你没有动用信用杠杆，购买力几乎就等于你的实际生产力，会影响家庭理财收益的提高，需要进一步优化资金的使用。

如果说负债比率大于 40%，说明你每月要偿还的债务已经严重影响你的资金链，如果出现什么差错，很有可能就会造成资金链断裂，从而加大风险。

如果负债比率接近 100%，就预示着你随时都有可能破产。

还有一种确认负债能力的计算方式：以负债额度≤年结余 ×3 为宜

如家庭	如家庭
年结余 **20 万元**	年结余 **5 万元**
负债 **50 万元**	负债 **50 万元**
50 万元＜20 万元×3	**50 万元＞5 万元×3**
✓ **可以负债**	✗ **不建议负债**

另外，一个人的负债能力与个人年龄或家庭主要劳动力的年龄有关。

不同年龄段的个人或家庭的收入水平、赚钱能力各不相同，25~40 岁是个人职业生涯的巅峰时期，收入稳定上升，可承受的负债压力也是最大的，在此之前和在此之后都应该降低负债比率。

培养风险思维

“惟事事，乃其有备，有备无患。”这个世界充满了不确定性。而风险就是那些可能给我们带来损失的不确定性。

风险有很多种，比如：家庭经济支柱面临的失业、意外伤害、重大疾病风险，做生意、创业的投资风险，以及物价膨胀、货币贬值的“缩水”风险等。

收入中断和突发性支出的风险，统称损失性风险。比如一个人罹患重大疾病之后，他面临最大的问题首先是不能正常工作，他的收入就会中断，其次就是巨额医疗费的支出，所以我们要利用保险这个工具，转移此类基础风险。

另外，货币贬值、缩水的风险往往被人忽视，但它每时每刻都在进行着，无形中带走我们辛辛苦苦赚来的收入和存下的财富。所以，我们要通过理财和投资，尽早掌握、管理自己的财富，就可以有效应对货币贬值风险，保障财务安全。

投资的核心能力不是追求收益，而是如何控制风险。成功的投资者一定是优秀的风险管理者。风险管理的核心有两个：一是在事前留好安全边际；二是在事后及时止损。

美国共同基金之父罗伊•纽伯格（Roy R.Neuberger）创造了连续 68 年不亏损的奇迹，秘诀就在于他在投资中严格执行 10% 的止损原则，这让他成功避开了多次股灾，包括 1929 年和 1987 年两次世纪大股灾。

考量投资风险时，可以从三个方面着手：

1 承担了什么风险？

在每一个激动人心的暴富故事背后，投资者都应该思考，硬币的另一面是什么，他承担了什么风险？

② 风险收益比怎么样？

我们是否只要把钱存在银行就好了？并非如此，关键是要把收益和风险作比较，以确定一项投资是否具有性价比。如果一项投资的潜在收益足够高，那么承担风险是理性的选择。

普通人能接触到的常见投资标的（按风险与收益从低到高排列）：
现金 < 存款 < 货币基金 < 纯债基金 < 二级债基 < 混合基金 < 指数基金（股票型）< 主动基金（股票型）< 个股

以下收益均为年化复利	
大额存单	约 4%，有起投门槛，50 万元以下单个银行无风险
货币基金	2%~3%，几乎无风险
二级债基	约 6% 上下，3% 左右的回撤风险
指数基金（持有 3 年以上）	10% 上下，15%~20% 上下的回撤风险
优秀的主动基金（持有 3 年以上）	10%~15%，50% 的回撤风险
股票类资产的收益上限（10 年以上）	15%~25%，有回撤风险

③ 控制风险以后真实的收益是多少？

风险思维是一种策略，赌博思维是纯凭运气，有效的风险管理是通往盈利的途径。

投资者可以通过股票和债券的适当组合来控制投资组合中的部分风险。通常，股票比重较大的投资组合比偏重债券的投资组合风险更大。

风险是投资的一个自然的部分。投资者需要找到自己的舒适度，并据此建立自己的投资组合和预期。

你对风险的舒适度应该通过“良好的睡眠”测试，即你的投资是否让你安枕无忧。这意味着你投资组合中的风险量应控制在不让你担心到失眠的程度。

防范金融诈骗

金融诈骗问题日益严峻，对人们的财产安全和社会稳定带来了巨大威胁。生活中常见的金融诈骗手段有哪些，我们又该如何防范呢？

◉ 常见的金融诈骗：

1. 刷单返利诈骗

通过网页、招聘平台等渠道推广兼职渠道，招募人员兼职刷单。一旦受害人“上钩”，即被拉入“做任务”的聊天群，先快速返还小额佣金，再哄骗受害人在刷单 App 中垫资充值，实际是将受害人资金转入其提供的银行账户，而受害人的 App 账户中显示的金额仅仅是虚拟数字，根本无法提出。

2. 冒充客服诈骗

诈骗分子冒充网站客服以“赔偿”“退款”等理由，利用虚假网站，骗取受害者的银行账号、密码等信息，以达到骗取钱财的目的。

3. 虚假购物诈骗

诈骗分子往往会在微信群、朋友圈、网络购物平台上发布低价出售物品的信息，同时还会编造收取定金优先发货等理由，一步步诱骗受害者继续转账汇款，随后将受害者拉黑。

4. 网络游戏虚假交易诈骗

诈骗分子以高价收购游戏账号、买卖游戏装备、免费领取游戏皮肤等为由，通过钓鱼网站窃取游戏账号及密码，让受害人以“押金、解冻费”等名义支付各种费用，从而实施诈骗。

◉ 防范秘籍：

1. 无论骗术怎么变，绝不转账应万变。

万变不离其宗

陌生来电（不轻信）＋ 未知链接（不点击）＋ 个人信息（不透露）＋ 转账汇款（多核实）＝ 防诈！

2. 下载“国家反诈中心”App。

“国家反诈中心”App 是中国公安部刑事侦查局官方推出的一款帮助用户预警诈骗信息、快速举报诈骗内容、提升防范意识的反电信诈骗应用。

认识校园贷的危害

校园贷是指借贷平台针对在校学生开展的高利借贷业务。借贷时通常无抵押、无担保，在校生提交资料和支付手续费后轻松就能借到款。然而，一旦不能及时归还贷款，放贷人可能会采取恐吓、殴打、威胁学生甚至其家人的手段进行暴力讨债，对学生的人身安全和校园秩序造成严重的危害。

案例：在某市高中就读的一名学生借了 8000 元，4 个月不到竟变成了负债数万元。为了还款，女孩不断向新的平台借钱来还先前的利息，本金不断累加，利息也不停累计，雪球越滚越大，最终引发“雪崩”，父母将家里的房子抵押掉，依然没有还清这笔“糊涂账”。

如何避免校园贷的危害呢？

1. 不超前消费。

树立正确的消费观，不要一味追求档次，讲究攀比，避免跟风随大流和情绪化消费。要注意适时消费，增强自律意识，控制网购相关 App 的浏览时间，避免网购成瘾。

2. 提高对金融诈骗和不良借贷的防范意识。

尽量不要在网络借款平台和分期购物平台贷款和购物，因为利息和违约金都很高。比如在网贷平台借款时会收取一定比例的押金和服务费，这些费用经常在借款时就从所借款项中扣除，导致实际借到的钱与欠条所写金额不符。而网贷平台计算利息时仍然按照未扣取费用的金额计算利息，实现利滚利。

3. 掌握金融贷款知识，选择正规金融机构办理贷款。

正规金融持牌机构如银行，有专门针对学生群体的助学贷款和消费贷款，可向全日制大学本科生、研究生提供国家贴息的国家助学贷款、利率较低的信用消费贷款，用于满足学生在校期间乃至毕业后的求学、日常消费、培训等资金需求。

思考与练习

❶ 假如，10% 的概率赚 100 块钱，90% 的概率什么也得不到，你愿意用 10 块钱来买一个这样的机会吗？为什么？

（10 块钱买一个 10% 的赚 100 块钱的机会，听上去不错。那么换一种说法，你去下注，10% 的概率赚 90 块钱，有 90% 的概率损失 10 元，你接受吗？）

❷ 如果你参加抽奖活动，抽中了奖。此时，主持人称，你可以在下列两个选项中选择其一，你的选择是：（　　）

A. 立刻兑奖，100% 获得 1000 元；

B. 再抽一次，50% 的概率得到 2000 元；50% 的概率得到 0 元。

❸ 如果你参加一个冒险游戏，抽到的纸条上写着，你可以在下列两个选项中选择其一，你的选择是：（　　）

A. 立刻扫码支付，100% 损失 1000 元；

B. 再抽一次，50% 的概率亏损 2000 元；50% 的概率不亏损。

（面临获利的时候，在确定的收益和“赌一把”之间，多数人会选择确定的好处，所谓“落袋为安”。面临损失的时候，在确定的损失和“赌一把”之间，多数人会选择“赌一把”，所谓“放手一搏”。）

Part Four

第四部分

展望　价值、责任和我们

学习目标：

- 了解长期投资的重要性和必要性
- 思考如果一切用钱衡量，会引发哪些担忧
- 学习如何更好地投资自我，攀登财富的第二座山

扫一扫观看视频

长期价值的魔法

现在的 1 元钱和一年后的 1 元钱，经济价值是不相等的。经济价值即购买力，指能买入东西的多少。由于通货膨胀的影响，当下的钱比未来的钱经济价值要大，也就是说更值钱。

那么，如何帮助未来的钱提升经济价值呢？

比如，你用 10000 元购买了一款理财产品，假设投资回报率为每年 10%，那么 10 年后你将获得 25937.42 元。这份获得就是货币的时间价值，使你在未来也拥有与现在相等甚至更高的购买力。根据投资项目的不同，时间价值也会不同，如 5%、10%、25% 等。

单利与复利的区别

本金 / 元	利率 / %	年限 / 年	复利回报 / 元	单利回报 / 元	相差 / 元
10000	10%	10	25937.42	20000	−5937.42
10000	10%	20	67275.00	30000	−37275.00
10000	10%	30	174494.02	40000	−134494.02

你可能会好奇，这 25937.42 元是怎么计算出来的呢？

复利是货币金融学里面的一个重要概念，可以用一个数学公式来表示：

$$F=P(1+i)^n$$

其中：P 为本金；i 为复合回报率；n 为持有时间；F 为最终金额。

我们将上面提到的数字代入后得出：

$$F=10000\times(1+10\%)^{10}=25937.42$$

以此方式年复一年投资，则当初的 10000 元将会不断增加，年限够长的话，回报可能是当初的好多倍，这就是复利的神奇力量。

实现复利增长，有三个关键要素

本 金

在前面的章节，我们提到过巴菲特的一句话：“人生就像滚雪球，重要的是发现很湿的雪和很长的坡。”

要实现滚雪球，首先我们要有一个雪球，这个雪球怎么来？大部分人最初是通过辛勤工作、努力积攒获得的，这个阶段我们要不断积累本金，减少不必要的开支，尤其不要负债消费。

复合回报率

找到那些能够长期获得较高复合回报率的投资品种，比如有潜力的股票、基金组合。这需要学习投资知识，不断提高洞察力。

时 间

时间很关键，这里背后体现的是耐心和笃信。时间是复利最好的朋友，让时间慢慢走，只要方向正确，时间杠杆将给我们带来巨大的回报。

我们知道了时间的神奇后，也就能够体会到，越早投资就能越快获得财富。

对普通人来说，复利还有一个更简便的计算方式，就是“72 法则”。

计算公式为：72/ 利率 = 投资翻番所需的年限

这条法则是计算本金翻倍的心算公式。如果存款利率是 4%，需要 18 年本金才会翻一番。如果购买平均年化收益为 9% 的组合基金，那么只要 8 年就能翻番。也就是说，72 除以利率等于投资翻番所需的年限。比如：72/4=18，72/9=8，以此类推。

无论是投资还是人生，复利思维都会对我们有所帮助。

滚雪球的时候，怎样能不偏离方向？怎样能越滚越大？

一个很重要的标准就是：用“长期视角”作为衡量标准，不论是“人”还是“事”。

有一位投资人曾讲过一个故事，他的一个朋友从小到大都是学霸，大学是国内名校计算机系，毕业后出国留学，后来在硅谷工作，薪水也很不错。有一次他和这位投资人讨论：“我感觉我一路都做得很好，但现在看起来也没有什么成就，总觉得应该可以做得更好。”

有时候，你的选择看似都是短期的最优解，但长期连起来看可能未必是长期最优解。

生活是复杂的、模糊的，有多种发展趋势，比如：在 1992 年，当时“下海”赚钱是普遍的潮流，当老师，做学问，并不是获得社会承认的最佳道路。但是现在的环境又发生了一个大的变化，知识从业者越来越多，也越来越受重视。所以我们在做一件事时不是一味地要跟着既定的趋势走，也不是只把成功作为目标。

拥有长期视角的长期主义者，会把时间和信念投入到能够长期产生价值的事。随着时间的推移，你将会累积起巨大的优势，滚出属于自己的复利雪球。

财富不能买什么?

在现实世界，金钱与公正、道德、情感常常会一次次交锋。

美国哈佛大学著名学者迈克尔•桑德尔（Michael J. Sandel）出版了一本书《金钱不能买什么：金钱与公正的正面交锋》，其中就探讨了这个问题：一个万物都明码标价的世界是否有错？金钱能否用来交换任何东西？

我们知道，就算用钱可以买到一般意义上的商品，比如汽车、房子、游艇、奢侈品等，但还是有金钱不能买到的东西。

金钱不能买到“友谊”。我们可以花钱雇人来做朋友能为你做的事情，如在我们没有时间时帮我们照看一下孩子；在我们心情不好时，倾听我们的烦恼，并开导我们等，但这并不是真正的友谊。

金钱不能买到“诺贝尔奖”。就算我们从诺贝尔奖获得者那里买到诺贝尔奖章，我们也无法买到那个奖项本身。因为诺贝尔奖不只是奖章，更重要的是其背后获奖者的贡献以及得到的尊敬和荣誉，这都是花钱买不来的。

为了确定金钱应当及不应当买什么，我们必须首先确定，什么样的价值观应当主导社会生活和公民生活的各个领域。

一个值得反思的例子是，为什么黄牛党被质疑呢？很多人认为，黄牛党并不是在发挥门票的功能，而是利用门票来追逐金钱。

桑德尔问，为什么不能这样赚钱呢？表面看来，似乎这没有给谁造成不利，相反倒是方便了一些没有买上票的人。但门票的问题，事实上牵涉到了社会公正。当市场的利益原则不危及社会公正的时候，是可以适用的，一旦触及公正，就会发生矛盾。

金钱不能购买所有的东西。正义、公正、平等以及人与人之间相互的责任感等，都具有令人珍视的价值。由此，认定金钱应该或不应该买什么，至关重要的是用正确的金钱观和价值观来主导社会生活和公民生活的各个领域。

如果一切都能用钱来衡量，我们为什么会对此感到担忧呢？

桑德尔总结了两个原因：

一、会导致不平等

大学会录取最优秀的学生，而不是那些最早申请或者付钱最多的学生；医院的急诊室是根据病情的紧迫程度来救治病人的，而不是根据病人的富有程度。

如果一切都和金钱挂钩，不但玷污了公平原则，也会打消公民参与公共事务的意愿。

二、对生活中各种好东西明码标价，将会腐蚀它们，也就是让这些好东西变得不那么“好”了

1 金钱如果不能持续增加，人们对它的兴趣就会迅速降低，这被称为边际效用递减。人们总是希望钱越挣越多，一旦不能增加，就会感到失望。比如，如果我们付钱来鼓励孩子读书，那么会使孩子将读书看成是一份赚钱的工作，并且会减少读书本身的乐趣。

2 金钱会让很多事情丧失其原本的意义。一件有意义的事一旦跟金钱挂钩就变了味，它会悄无声息地腐蚀和改变我们的生活。

如果我们允许富裕国家通过从其他国家那里购买碳排放权，那么无论花钱购买碳排放权的激励措施有多么高效，都会使我们难以培养出一种负责任的环境伦理所要求的节制和共同牺牲的习惯。

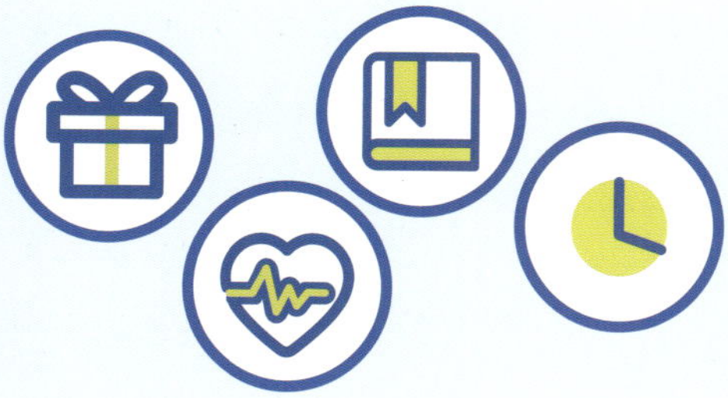

礼物可以买，但情感不能买；
私人医生的专业护理可以买，但健康不能买；
孩子的家教服务可以买，但教养不能买；
就算一个人富可敌国，
他也买不来那些已经流逝的时间。

在金钱和市场经济越来越被重视的今天，我们更应该为自己划出一片区域，不让自己的情感、道德被金钱所腐蚀，让家庭和社会都保留着一部分金钱无法计算的善良和温暖。

财富的第二座山

纽约时报专栏作家、《第二座山：为生命找到意义》一书的作者戴维·布鲁克斯（David Brooks）说："人生的第一座山是关于自我的，你希望实现自我，成为精英，越来越成功，获得幸福。"

"第二座山却是关于别人的，是关于失去自我的，你要与他人携手同行，尽力奉献，共同登顶，这是真正永恒的幸福。"

诺贝尔奖的故事

阿尔弗雷德·贝恩哈德·诺贝尔（Alfred Bernhard Nobel），瑞典著名的化学家、发明家、工程师、军工装备制造商和炸药的发明者，于 1833 年出生在斯德哥尔摩。他一生拥有专利发明 350 余项，在 20 个国家开设了上百家公司和工厂，积累了大量财富。

诺贝尔在去世的前一年，也就是 1895 年立下遗嘱。由于他一生中没有妻子和子嗣，所以他把自己的财产分成了两部分：其中约 100 多万瑞典克朗赠送给十多名亲朋好友；剩余的大部分财产约 920 万美元作为基金，设立了五个奖项。

诺贝尔奖已经设立了一百余年。截至 2022 年底，先后有近千名个人获得诺贝尔奖。另外，诺贝尔奖还曾 27 次授予给组织。据了解，诺贝尔基金有专人打理，他们将钱投到各个领域，如房地产、金融等，让钱生钱。各国对该基金的投资活动，都实行税收豁免政策，此举让基金会的人在投资上更能放开手脚。再加上诺贝尔奖能激励各国的人才、学者，各个国家出于感激，也会向诺贝尔基金捐款。

一百多年来，诺贝尔家族经历了各种战争和时代的起伏，曾经的财富烟消云散，但他们坚守的诺贝尔奖却成了整个人类的财富和遗产。而这一切仅仅起源于一个目的——奖励为人类作出杰出贡献的人。这就是一个家族的坚持、荣耀与尊严。

财富是人生的一部分，而人生的真正价值在于对自己和他人的奉献，对事业和社会的贡献。

我们要攀登第一座山，但在灵魂深处，不要忘了还有第二座山要攀登，因为它更雄伟、更艰难、更圣洁。因为这是你灵魂栖身之地，因为它就矗立在那里，对你发出无声的召唤。

积极参与社会公益活动是每个人表达自己对世界的热爱、奉献社会的重要方式。

公益与我们的生活息息相关，比如空气、土壤、水源被污染后，所有人都会深受其害。如果我们通过参与环保公益活动，能够推动环保立法，督促环保政策的落实执行，限制和处罚污染企业，减少有毒、有害废物排放等，当环境问题得以改善，受益的也将是所有人。

捐款是公益最常见的一种形式。但是，公益绝不等于捐款，有心参与公益的同学可以贡献自己的时间，也可以贡献自己的聪明才智，以做志愿者的方式来参与公益，提供自己擅长的服务。

我们可以捐赠或贡献

金钱　时间　聪明才智　社会资源

个人如何加入公益？

1. 找到自己有兴趣，愿意付出热情和能力的公益项目。

公益项目的主题非常丰富，如环境保护、成长教育、社区营造、生计发展、残障融合、性别平等、女性赋能、儿童保护、动物福利、防灾救灾……

2. 了解自己打算加入的公益组织的宗旨是什么，平时有哪些活动，需要付出多少精力，这样才能更好地参与其中。

3. 关注公益的传播和影响力，尽己所能让更多的人了解、关注和参与到公益项目中来。

从“授人以鱼”到“授人以渔”。

如今，公益从传统的直接对受益人的捐助，即“授人以鱼”逐渐转向“授人以渔”。

如果说“鱼”是解决暂时的困难，那么“渔”就是唤醒和教育，帮助陷于贫困却有意愿在缺乏资源的条件下改变自身命运的人，去找到属于自己的力量。

比如，一家公益组织最初在沙漠里积极地种沙枣树，用来改良土壤、保护生态环境，同时捐助沙漠周围的农民。可是农民拿了捐助后依然要放羊去吃沙枣树。怎么办呢？由此公益组织想到了让农民通过环保去致富的解决方案：鼓励农民也参与种植，同时，聘请专家教他们先进的种植技术，再帮助农民收购和销售。

只是“授人以鱼”，而没有“授人以渔”，可能治标不治本。

“助人”实现“自助”，能够真正使服务的对象受益，进而从根本上有效地去解决各项社会问题。

不过，生活中似乎“授人以鱼”更直接一些，而要做到“授人以渔”并不那么容易，它需要同学们用心去体会、去实践。

思考与练习

1. 你觉得人生中，通过长期努力，你最重要的成就或者最令你骄傲的东西是什么？

2. 你有什么样的兴趣和爱好？你为其付出过怎样的努力和代价？

3. 你认为“学习能力”可以被拆分成哪些更细节的能力？其中你比较擅长的是哪一个？最不擅长的是哪一个？

4. 对于投资，你觉得做得一般好的人和做得顶尖的人的差别在哪里？

5. 你觉得金钱不能买的东西有哪些（健康、尊敬、虔诚、友谊、爱情、亲情、自由、平等、正义……）？举三个例子。

6 你知道“中国青年志愿者服务日”是哪一天吗？（ ）

A. 1 月 15 日

B. 3 月 5 日

C. 5 月 2 日

D. 8 月 31 日

（答案见第 44 页）

7 相信你经常在网络上看到以下英文单词或词组，你知道它们是什么意思吗？

NPO：______________________________

____

____

NGO：______________________________

____

____

CSR：______________________________

____

____

（答案见第 44 页）

财富词汇速读

第一部分

财富： 在人类历史上，财富的概念在绝大多数时候都是根据字典上的标准定义来理解的：大量具有价值的物品或金钱。

GDP： Gross Domestic Product（国内生产总值）的简称，反映的是一个国家或一个地区在一定时期内新创造物质财富的总额。

马太效应： 两极分化的趋势，比如穷人会更穷、富人会更富。

量化宽松： Quantitative Easing (QE)，是指中央银行在实施零利率或者接近零利率政策后，通过购买国债等中长期债券，增加基础货币供给，向市场注入大量流动性资金的干预方式，最终达到刺激就业和经济增长的目的。

第二部分

资产： 即使你停止了工作也能往你的口袋里放钱的东西。

理财： 对财务（包括财产和债务）进行管理，以实现财产的保值、增值为目的。理财的范围很广，不仅包括投资，还涉及规划金钱、风险控制等多个方面。

美林投资时钟： 由美国投行美林证券在 2004 年提出的一个资产配置理论。美林时钟将经济分为衰退、复苏、过热和滞胀四个阶段，而每个阶段都对应着某一特定最优投资工具，如债券、股票、大宗商品和现金。

复利： 一种利息的计算方式，本金带来的利息作为后续本金不断投入，可以带来更多的收益。

第三部分

“黑天鹅”事件： 不可预见的且难以控制的事件，通常会引起罕见、出乎意料的重大风险。

“灰犀牛”事件： 太过于平常以至于人们都习以为常的风险，常比喻大概率且影响巨大的潜在危机。

好债务： 如果你通过分析、计算，确保了负债可以为你创造更多的收益，并且负债金额在还款能力范围内，这种负债叫做好债务。

坏债务 如果你随意借钱，导致自己的生活水平被影响，甚至最终资不抵债，这样的负债就是坏债务。

第四部分

边际效用递减： 事物给我们带来的兴奋感和满足感是效应，当同一个事物在不断重复给我们带来兴奋感和满足感的时候，越往后，这种新增的效应会越少，这就是边际效用递减。

碳排放权： 能源消费过程中排放的温室气体总量，包括可供的碳排放权和所需的碳排放权两类。

参考答案

第 41 页思考与练习第 6 题：

正确答案是 B。从 2000 年开始，中国青年志愿者协会把每年 3 月 5 日作为“中国青年志愿者服务日”，青年志愿者的口号是“爱心献社会，真情暖人间”。

第 41 页思考与练习第 7 题：

NPO 全称为 Non-Profit Organization，即非营利性组织，是不以营利为目的的组织，如中国红十字会、消费者权益保护协会等。

NGO 全称为 Non-Government Organization，即非政府组织，意指政府以外的社会组织，如绿色和平组织、无国界医生组织等。

CSR 全称为 Corporate Social Responsibility，即企业社会责任 , 是指企业在经营过程中以社会、环境及经济三方面为重点 , 承担起对利益相关者及社会责任的一种自律性行为和形式 , 是企业可持续发展的必要条件之一。